U0248914

筑境

中国精致建筑100

喀什民居

田东海 祝贺 摄影

中国建筑工业出版社

出版说明

　　中国是一个地大物博、历史悠久的文明古国。自历史的脚步迈入新世纪大门以来，她越来越成为世人瞩目的焦点，正不断向世人绽放她历史上曾具有的魅力和光辉异彩。当代中国的经济腾飞、古代中国的文化瑰宝，都已成了世人热衷研究和深入了解的课题。

　　作为国家级科技出版单位——中国建筑工业出版社60年来始终以弘扬和传承中华民族优秀的建筑文化，推动和传播中国建筑技术进步与发展，向世界介绍和展示中国从古至今的建设成就为己任，并用行动践行着"弘扬中华文化，增强中华文化国际影响力"的使命。从20世纪80年代开始，中国建筑工业出版社就非常重视与海内外同仁进行建筑文化交流与合作，并策划、组织编撰、出版了一系列反映我中华传统建筑风貌的学术画册和学术著作，并在海内外产生了重大影响。

　　"中国精致建筑100"是中国建筑工业出版社与台湾锦绣出版事业股份有限公司策划，由中国建筑工业出版社组织国内百余位专家学者和摄影专家不惮繁杂，对遍布全国有历史意义的、有代表性的传统建筑进行认真考察和潜心研究，并按建筑思想、建筑元素、宫殿建筑、礼制建筑、宗教建筑、古城镇、古村落、民居建筑、陵墓建筑、园林建筑、书院与会馆等建筑专题与类别，历经数年系统科学地梳理、编撰而成。本套图书按专题分册，就其历史背景、建筑风格、建筑特征、建筑文化，结合精美图照和线图撰写。全套100册、文约200万字、图照6000余幅。

　　这套图书内容精练、文字通俗、图文并茂、设计考究，是适合海内外读者轻松阅读、便于携带的专业与文化并蓄的普及性读物。目的是让更多的热爱中华文化的人，更全面地欣赏和认识中国传统建筑特有的丰姿、独特的设计手法、精湛的建造技艺，及其绝妙的细部处理，并为世界建筑界记录下可资回味的建筑文化遗产，为海内外读者打开一扇建筑知识和艺术的大门。

　　这套图书将以中、英文两种文版推出，可供广大中外古建筑之研究者、爱好者、旅游者阅读和珍藏。

目录

喀什民居

新疆，古代称雍州，通称西域。汉武帝以前（公元前2世纪）中原没有人知道西域是什么样子，至汉武帝欲联合大月氏共破匈奴，遂遣张骞出使西域，并在西域设立地方官吏，西域才渐为中原人所知。《汉书·西域传》记载："……本三十六国，其后稍分至五十余，皆在匈奴之西，马孙之南，南北有大山，中央有河，东西六千余里，南北千余里，东则接汉，扼以玉门、阳关；西则限以葱岭。"这里的"南北有大山"中的南山指昆仑山，它是新疆与印度和西藏间的天然屏障，北山就是天山；所谓"中央有河"就是塔里木河；葱岭即帕米尔高原。在这上百万平方公里的土地上分成了五十多个国家，除少数几个国家在葱岭之外，其余大部分都沿天山南北及昆仑山北麓建国。

汉代中原通西域有两条路：南道和北道。南道出玉门、阳关到楼兰（今鄯善），再依昆仑山西行至莎车，往西则出大月氏、安息。当时南道上有七国，分别是鄯善、且末、精绝、杆弥、于阗、皮山和莎车。北道自车师前王庭（今吐鲁番）沿天山西行至疏勒，再过葱岭则出大宛、康居。北道上有十国，分别是疏勒（今喀什）、温宿、姑墨、龟兹、轮台、马垒、渠犁、尉犁、焉耆和危须。

图0-1 喀什地区示意图　　　　图0-2 喀什市平面图

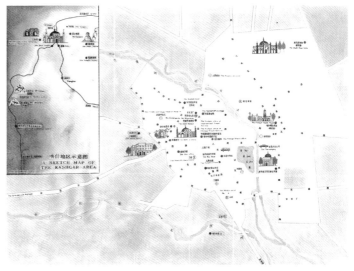

自汉代始历经唐代至明末，西域这块天山南北的辽阔高原一直与中原汉文明保持着密切的经济和文化交流。到了清初，西域分为两部分，天山以北称为准噶尔部，天山以南为回部，经康熙、雍正、乾隆三朝将天山南北诸地征服，统一于中国版图。乾隆二十七年（1762年）设伊犁将军统领西域事务，光绪十年改设行省。因为是新辟的疆土，故称新疆。

新疆地域辽阔，天山南北戈壁瀚海。诗云："大漠连天一片沙，苍茫何处觅人家。地无寸草泉源竭，隔断邻封路太赊。"天山以北的准噶尔盆地和以南的塔里木盆地的中部都是戈壁荒漠。塔里木盆地中央的塔克拉玛干沙漠是我国最大的沙漠。在这一望无际的戈壁荒漠上却奇迹般地镶嵌着片片绿洲和草原，它们环绕着准噶尔盆地和塔里木盆地顽强地生存下来。绿柳红花，乔松万里，牛羊肥壮，瓜果飘香。其中，疏勒、于阗和叶尔羌是塔里木盆地周边较大的绿洲，人口密集，农牧业发达。它们就像是戈壁滩上的明珠闪烁着迷人而神秘的光芒。

勤劳勇敢的维吾尔人和其他新疆各族人民世世代代就生活在这片绿洲沃野上。养育他们的是天山上万年冰山的雪水。这些雪水汇成条条河流，灌溉着天山南北的绿洲和草原，难怪人们称新疆各族人民是天山的儿女。维吾尔族是新疆最古老的民族之一。维吾尔音"uigur"，意为"同盟者"，关于该民族的名称在中国历代史籍中至少有二十种。魏书称袁纥，隋书谓韦护，新旧唐书中又称回纥、回鹘，宋元书籍中则称回回、畏吾儿、畏兀儿，明史中亦称畏吾儿、回回，近代则称缠回，到1935年民国新省府布告中称维吾尔并沿用至今。

关于维吾尔族的族源，史学界有不同的看法，远在13—14世纪就流传着许多传说。总而言之，维吾尔族的形成和发展与其他民族一样，都经历了漫长的历史过程。维吾尔人的先民最初是属于高车部族（高车是铁勒的别号，因其族人乘特别高大的车子而得名）中的一个氏族，在其发展过程中融合了漠北草原和天山以北古代游牧民族，和天山以南古代农业民族，最终形成了现代的维吾尔族。几千年来，勤劳善良的维吾尔人在西域辽阔的土地上繁衍生息，兼收并蓄，锐意创造，发展了具有鲜明民族风格和浓郁地方色彩的独特文化，为古老灿烂的中华文明作出了重要的贡献。

图0-3 俯视喀什民居
从屋顶上看密不透风，甚至有点凌乱，
使你无法想象其内部的精美

图0-4 喀什街景
如果说那花前廊下的内院景色反映出生活在大漠气候下的维吾尔人对生命的热爱和对大自然的抗争，那么，这段粗犷的民居外观，与大漠的风景特色融为一体，形成了喀什独特的街景。

一、丝绸之路上的重镇

喀什是一座历史悠久的古城，有文字记载以来至今已有两千多年。约公元前128年，通西域的西汉使者张骞从大月氏返回途经此地时，这里已是西域三十六国之一的疏勒国首府——疏勒城。《汉书·西域传》载"王治疏勒城……有市列。"可见当时已有像样的街道和商肆店铺了，但其确切位置已不可考。东汉时疏勒国首府改为盘橐城，即今喀什市东南部的艾斯克萨古城。

唐代，疏勒国首府为伽师城，即疏勒镇所在地。《唐书·地理志》上说，疏勒西南北三面有山，城在水中。其遗址即今喀什市以东28公里处的汗诺依古城。这个时期佛教达到鼎盛，公元644年唐玄奘称此地"淳信佛法，勤营福利，伽蓝数百所，僧徒万余人，习学上乘教说，一切有部。"疏勒镇建起了名扬西域的大云佛寺。闻名于世的丝绸之路北线必经疏勒，进而向西延伸，使这里成为丝绸之路上的重镇，商贾云集，繁荣鼎盛。

图1-1 喀什阿巴霍加麻扎是新疆现存的规模最大，保存较好的古代陵墓。该陵墓于1640年为埋葬阿巴霍加之父阿吉·穆罕默德·玉素甫而建，后历经扩建整修，成为阿巴霍加及其家族五代人的陵墓。因相传这里葬有清乾隆皇帝的维吾尔族妃子——容妃（香妃），故又称"香妃墓"。

图1-2 喀什艾提尕清真寺
始建于15世纪，是目前已知的新疆最早
和最大的清真寺之一，驰名中外。

图1-3 围绕喀什阿巴霍加麻扎周边形成
的维吾尔人麻扎地/后页

相当于晚唐至宋代的喀拉汗王朝（840—1121年）是古代维吾尔历史上最辉煌的时期，这个中国历史上由突厥-维吾尔人建立起来的第一个伊斯兰化政权，其王城喀什噶尔的位置仍在汗诺依古城一带。"汗诺依"为突厥-维吾尔语，意为"皇宫"。"喀什"为突厥语，意为"玉石"；"噶尔"为古代塞种人语，意为"地区"或"国家"。据王时祥先生考证今喀什市城区的恰萨和亚瓦格两大居民区当时已是王都的卫星城。

元、明时代，元中央政权与西辽、蒙古察合台部发生争战，公元1264年喀什噶尔遭受大规模洗劫，几乎沦为废墟。1483年至1514年建立了以喀什为首府的"喀什噶尔汗国"，城址由沦为废墟的吐曼河以北地带迁移到河以南的喀什市现址。1514年至1678年喀什成为叶尔羌国的陪都，喀什噶尔城在现址上渐渐恢复发展。汗国后期即清初，喀什噶尔城四周有土墙，城区"不圆不方，周围三里七分余，东西二门，西南两面各一门，城内房屋稠密，街衢纵横"（《回疆志》卷一），形成喀什噶尔旧城，亦称"回城"。

明末清初，由于宗教与王权的合一引发了延续数世纪之久的伊斯兰宗教派系之争和社会动荡。其中，以阿帕霍加为代表的依禅派在喀什应运而起，建立了政教合一的霍加政权。闻名于世的阿帕霍加麻扎（"麻扎"为维吾尔

图1-4 艾提尕清真寺边热闹的街道/对面页

图1-5 古尔邦节时艾提尕广场上跳萨玛舞的盛况

语，意为"陵墓"），就是1695年阿帕霍加死后，霍加家族对阿帕霍加的父亲的简朴陵墓大加扩建，并历经数代增修才形成了今日之宏丽规模。

1759年清朝平定大小霍加之乱收复喀什噶尔，设参赞大臣府。由于喀什旧城"错乱无章，难以驻扎，且官兵不便与回人（即维吾尔人）杂处"（《回疆志》）等原因，"乾隆二十七年（1782年）参赞大臣永贵奏请于旧城之西北二里许临河垲爽之地筑城一座，其地则波罗尼都之旧园也，周围二里五分，高一丈四尺，底厚六尺五寸，顶厚四尺五寸，设四门……内建仓库、衙署及官兵住房……乾隆三十五年（1770年），复修城上四门角楼……于三十六年事奏，（乾隆）旨赐名徕宁城。乾隆五十九年（1794年）参赞大臣永保等奏请于南门外建盖房屋如关厢之制，迁内地商民之列市肆焉"（《回疆通志》卷七）。徕宁城距喀什旧城1公里多，1862年因张格尔叛乱毁于大水与战火。道光八年（1828年），换防总镇周经莹于回城（即喀什旧城）之东南二十里处新建汉城，此城即今疏勒县城的前身，维吾尔语叫"英纳协海尔"，意为"新城"。

1839年，喀什旧城的阿奇木伯克（即地方官）祖赫尔丁主持拓宽艾提尕清真寺以西以北地带，把旧城与徕宁城旧址连成一片，形成以艾提尕清真寺为中心的城市格局，城西以徕宁旧城为界形成乌斯塘博依和库木代尔瓦扎二街区，并在积沙的旧河道边修建了南关大门（维吾尔语称"库木代尔瓦扎"，即沙门）。

镇境 中国精致建筑100

1898年清军驻喀副将杨德俊又在徕宁城旧址上重建一座与旧城相连的半月形新城，即月城（维吾尔语称"尤木拉克协海尔"），使整个旧城区周围长达十二里七分。民国初年，城区"规模宏大，气象雄伟，远胜疏勒（疏勒这里指喀什汉城，即今疏勒县城）……城内街市纵横，楼房层列，市场林立，犹如省垣（首府迪化，即今乌鲁木齐）南关"。此时作为疏附县城的喀什城比直隶州府疏勒，甚至比省府迪化（当时城围十一里五分）还要大，规模为全疆之首。

喀什噶尔作为著名的丝绸之路中国段北道的终点，以其天然地理和自然条件，从公元前4世纪至公元16世纪（即我国明代海运开通时）长达两千年的漫长岁月中占有极其重要的地位，它的确像其美丽的名字一样，是维吾尔历史上"玉石般的地方"和"神圣之国"。

图1-6 古丝绸之路

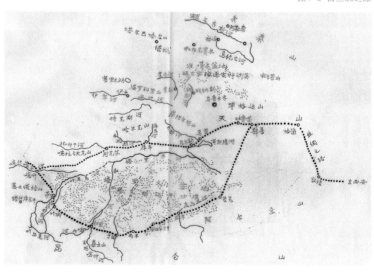

二、穆斯林的世界

凡是到过喀什的人，没有不被那城中心和居民区中似乎无处不在的拱形大门所吸引。大门上有一弯新月，无论大小都那么神秘而庄重，那就是维吾尔人心目中最神圣的地方，也是现实生活中与之朝夕相伴的清真寺。维吾尔人在历史上信仰过多种宗教，其中伊斯兰教从15世纪起逐渐占统治地位而成为全民信仰的宗教，对维吾尔人的政治、经济、文化和生活习俗等都产生了深远的影响。

伊斯兰教有多种教派，维吾尔人大多信仰逊尼派的教法学派之一哈乃斐派，清真寺是他们活动的中心。清真寺是阿拉伯语"麦斯吉德"的意译，维吾尔人一直习惯使用阿拉伯语称之为"米吉提"（麦斯吉德的异读），意为"叩拜之所"，故又名礼拜寺。按规模、组成和使用特点可分为艾提尕尔清真寺、加曼清真寺和普通清真寺三种类型。

图2-1 热闹的巴扎
喀什的街巷清真寺，寺前广场常集聚成热闹的巴扎。

"艾提尕"为阿拉伯语和波斯语的复合词，意为"节日活动场所"，供穆斯林欢度古尔邦节和肉孜节等节日时礼拜用。这类清真寺规模最大，一般包括大门、宣礼塔（又称"邦克楼"）、大小礼拜殿（冬、夏经堂）、庭院、教经堂、阿訇居室和供礼拜者做"大、中、小"净的水房子或水池等。作为清真寺主体建筑的礼拜殿多为砖木结构，有内殿和外殿之别，外殿为平顶敞廊，供夏日使用，内殿西墙面设圣龛，以使穆斯林能面向西方的麦加做礼拜。当内外殿东西向布置时，外殿圣龛多为落地棂花窗，并与内殿圣龛位于同一轴线上；当南北向布置时，外殿圣龛常位于外殿柱廊的西侧墙上。艾提尕清真寺装饰华丽，多用彩色琉璃砖和木雕及石膏花饰和彩画，其建筑水平往往是城市及地区建筑艺术的代表并成为宗教活动中心。

加曼清真寺供主麻日（星期五）正午的"主麻拜"即"聚礼"之用，故又称"主麻寺"。加曼一词的意思为聚礼，因而加曼清真寺意为聚礼之所。这种寺的组成与艾提尕清真寺差不多，只是规模小一些，装饰简朴一些。

图2-2 街角清真寺/后页
喀什传统聚居区中位于街角的小清真寺，
主要供附近的穆斯林每日五次礼拜之用。

喀什民居

穆斯林的世界

⊚筑境 中国精致建筑100

普通清真寺（包括阿孜那清真寺和街巷清真寺）主要供穆斯林每日五次礼拜（晨礼，在破晓后日出前；晌礼，在正午后；晡礼，日落前；昏礼，日落后入夜前；宵礼，夜间）之用，其中街巷清真寺规模较小而且布局灵活，其数量也最多，分布在居民区中。这类清真寺的入口常将大门和宣礼塔相结合形成各种式样的门楼，并用线脚和拼砖图案装饰，显得灵巧精致。

伊斯兰教规定的五项宗教功课"念、礼、斋、课、朝"（简称"五功"）中的礼，就是每个成年穆斯林每天必须向麦加的克尔白天房"五次叩拜安拉"。这五次叩拜多在清真寺进行，也可在家里做，但每个主麻日的晌礼要去加曼清真寺做聚礼，由伊玛目领拜，哈提甫主持。每年的古尔邦节还要在艾提尕清真寺做两次"会礼"。礼拜的仪式十分庄重，每次礼拜都要完成立正、赞颂、鞠躬、打坐、叩头等一整套动作，礼拜前要"净身"（沐浴全身为"大净"，冲洗局部为"小净"）。五功中的斋即斋戒，时间在伊斯兰教历9月（莱麦丹月，即斋月），每个穆斯林男女白天要不饮不食，禁绝房事。生病或在旅途上的人斋期可延缓但事后必须补斋。清真寺内有宗教法庭，教规教义，遗产处理等方面的专职人员处理宗教和生活中各种事务，体现了伊斯兰

图2-3 巷道入口清真寺/对面页
喀什传统聚居区中位于巷道入口的小清真寺，既方便穆斯林一天的五次礼拜，又形成巷道入口的标志。

图2-4 街巷交接处清真寺

喀什传统聚居区中位于街巷交接处的清真寺，
一、二层均设礼拜堂。

教政教合一的制度特征。清真寺还拥有一定数目的各种财产。

维吾尔人还有相当一部分人信仰神秘主义派别的苏菲派，又称依禅派。麻扎是他们活动的中心。"麻扎"是维吾尔语，意为"圣徒、圣裔的墓地"，它一般包括圆拱顶的墓室、礼拜寺和罕尼卡（教徒举行集体仪式的场所）等。墓室用土坯和砖砌成，有的用蓝、绿色琉璃砖镶面，体型以高大墙身和穹隆拱顶为主体，配以拱顶小亭，外墙四隅的小巧塔楼和墙顶装饰和花窗及彩画，庄重而华贵，高大而精致。内部很简洁，白色调，仅在墙面和拱顶交接处做拱券线脚装饰。麻扎的管理者叫谢合，地位仅次于依禅（意为"导师"，依禅派因此得名）。麻扎朝拜者面向麻扎倾诉心中的哀怨，以各种方法表达自己的祈求。喀什的著名麻扎有阿尔斯兰汗麻扎，《福乐智慧》的作者玉素甫·哈斯·哈吉甫麻扎，《突厥语大词典》作者穆罕默德·喀什噶里麻扎等。喀什完善的清真寺体系和麻扎的共存反映出逊尼派和依禅派教徒并存的事实。

从前面的描述中不难看出，伊斯兰教渗透到维吾尔人生活的各个方面的世俗化特征。从生活方式上来看，宗教生活与日常生活融为一体，频繁而规律的礼拜活动与穆斯林们的社会交往、生意经营乃至日常生活起居已密不可分。从传统聚落的布局形态上看，大大小小的

图2-5 麻扎礼拜寺/前页
喀什阿巴霍加麻扎中的麻扎
礼拜寺，供朝拜麻扎的穆斯
林做礼拜用。

清真寺似乎不经意地分布在大街小巷中，成为维吾尔传统聚落的不可或缺的重要组成部分。从传统民居的空间形态上看，那每户人家的客室和壁龛已成为清真寺礼拜殿的延伸，更不要说那些有条件在家中建立小清真寺的人家了，而每家必设的沐浴室也不是单纯的淋浴间，而是礼拜前净身的"水房子"的缩影。至于那浓郁的伊斯兰风格的建筑装饰，包括壁龛系统、石膏花、木雕、壁毯、地毯等等，更是宗教与世俗生活相互交融的见证。

维吾尔人一生中有各种礼仪活动，这些活动都以男人为中心，并体现出强烈的宗教色

图2-6
阿巴霍加麻扎礼拜寺外殿
该殿梁、柱和顶部藻井的雕
饰和彩画很精美。

彩，包括男儿落草的洗礼、童年的割礼、成年
的婚娶和老年的丧葬等。

洗礼是小儿出生后请阿訇用净水洗净并
念经祈祷，三天和十天后再洗，十三天后起
名，第四十天由长亲为小儿送来新衣，洗浴后
穿上，请阿訇授以诸邪不侵之咒并庆贺三日，
亲戚朋友以礼祝贺，家人则宴请客人。这一天
还要举行"毕须克托依"仪式，即"摇床上的
喜事"，这是为孩子满40天后要被绑进一种
特别的摇床上而举行的仪式。仪式很简单，
主人用准备好的"托喀西馕"上抹"木拉巴"
（果酱）、"纳勒瓦"（面、糖和油做成的面
糊糊）发给特意邀请来的40个或更多未满7岁
的男女小孩，这些小孩在其母亲带领下来到摇
床前表示祝贺。由于维吾尔妇女婚后生孩子一

般要回娘家，因此上述活动多在女方的娘家进行，男主人要派家人带礼物接回妻子。

童年的割礼在5岁、7岁时举行，多在春秋季，当日在家中单独房间中把小儿放在花毯上请阿訇念经并用小刀将小儿阴茎包皮割去，割礼当日宴请亲友歌舞作乐。

婚娶过程一般需有订婚（维吾尔语称"朵私"）、宗教仪式、送亲和喜宴等内容。订婚一般由父母兄长作主，宗教仪式以"尼卡"仪式为多见，由阿訇主持在婚礼当天或前一天在女方家中举行。送亲过程有多种形式，常为新婚头戴面纱，由其父兄用花毯抬或同骑马上送至夫家，常鼓乐导引。男女双方家中一般均设喜宴招待各自的亲戚邻居和朋友。

丧葬仪式遵循伊斯兰教义，亲友等向遗体告别后即由同性别亲人或专门人员为死者净身，再用白布将遗体缠裹（男缠三层，女缠五层），旁人不得入内。阿訇在门前替死者祈祷赎罪，随后用"塔吾提"（灵架）装死者，由亲友护送遗体到礼拜寺举行葬礼。妇女守家不参加葬礼。葬礼仪式首先由家人向寺内阿訇和其他人施舍，表示完成死者生前未尽义务（维吾尔语称"斯卡特"），然后行"站礼"，由阿訇念经乞求真主保佑并愿死者安息。此后即用灵架送往墓地土葬。墓坑呈长方形，在坑的一侧挖一个洞穴，尸体放在洞穴内，头朝西，向着麦加的"克尔白天房"，像他生前无数次的祷告一样。用土块把洞穴口封死后再埋土并

图2-8 摇床寄母爱
举行完"摇床上的喜事"活动的孩子
安静地躺在摇床上，母亲轻轻晃着摇
床，神情中充满了母爱。

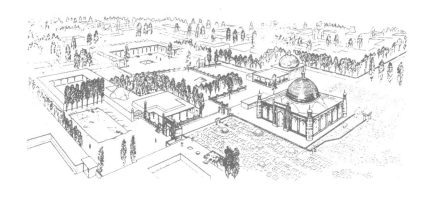

图2-9 喀什市阿巴霍加陵墓鸟瞰图
喀什阿巴霍加陵墓全景鸟瞰。郁郁葱葱的杨树和体形、色彩、尺度各异的建筑，形成了宁静幽雅的环境。

在上面起坟，坟的外形有长方形、圆柱形和穹隆形等。葬礼结束后第三天、第七天、第四十天和周年要在家中举行祭事活动（维吾尔语称"乃孜尔"，即丧后宴），男女客人分别在两个房间中接待。一个维吾尔人的一生，热爱生活，信仰真诚，独特的文化，独特的建筑，一个真正的穆斯林的世界。

三、鳞次栉比
的过街楼

说起喀什维吾尔传统民居的整体空间特色，无疑要数那曲折幽深、收放有致的街巷了。漫步于喀什街头，走过那热闹的街道，耳边回响着小饭馆中的欢快音乐，小作坊中的敲打声以及烤羊肉串的叫卖声，眼前闪现着各种精美的小花帽、冬不拉和艾岱来斯绸，让人流连忘返。走过条条曲折狭窄的小巷，两面是古朴的黄土墙和院门，上边则不时闪现着一个个凌空跨过小巷的过街楼和挑楼，为小巷平添了宁静和幽深感。在一些巷道上方，过街楼一个挨着一个以致形成了幽暗的"有顶巷道"。这种巷道夏日决不会受到阳光的照射，非常阴凉，并且不时吹来习习穿巷风，使你暂时忘却炎热。到过喀什的人无不对这鳞次栉比的过街楼和挑楼产生深刻的印象。

图3-1 热闹的主麻日巴扎
在穆斯林每7天一次的主麻日（集体礼拜日），既是商贸活动，又是社会交往的重要方式。

图3-2 在家门口过街楼下边聊家常边干家务
的维吾尔一家人

喀什传统街巷从功能、尺度和空间形态上可分为"街"、"巷"、"尽端巷"三个层次。街一般较宽，其两侧多为商业店铺或清真寺，它是居民区的公共性交通和活动空间。巷则较窄，两边多为住宅院门和院墙，封闭感较强，为半公共性交通和活动空间。尽端巷是仅由若干户民居共用的邻里交通、活动和储物空间。过街楼和挑楼是巷道上特有的民居形态，从结构支撑方式上可分为三种类型。第一种类型即两边均为墙支撑，过街楼的底板梁架搭在巷道两边的墙上；第二种为柱支撑，即底板梁架由紧贴巷墙的柱子支撑；第三种则为墙柱结合式，即一边由墙支撑，另一边由柱支撑。总而言之，过街楼是横跨在巷道上的房屋，而挑楼则是从巷墙上挑出的房屋，二者共同形成了喀什街巷的鲜明空间特色。

至于过街楼和挑楼的成因，首先应该是各个住户家庭扩充其生活空间的行为所致，这也是住宅密集，聚集度过高的必然结果。这种侵占街巷空间而又不影响街巷交通的空间利用方式，把家庭的活动自然地越过院墙院门延伸到了巷道上，使受宗教约束不能自由出家门的穆斯林妇女，能边做家务边透过过街楼和挑楼的小窗观赏巷中的各种活动而又不被外界看见。同时，过街楼和挑楼又能在巷道中形成阴影和穿巷风，从而在干燥和炎热的夏季创造出凉爽

图3-3 巷道交会处小商店旁的过街楼

的阴影空间。老人们在街巷过街楼下休息、观望着行人和玩耍的孩子们，仿佛在回忆着往事。老年妇女们在家门附近照看着小孩；一家人还常在大门上方的过街楼下围在一起边聊家常边干家务。

在曲折封闭的小巷中行走，那造型各异的过街楼和挑楼形成了个性鲜明的空间，它们既可作为巷道的入口标志物以使各个巷道能相互区别，也可作为巷道中判断方位的参照物。它们衬托着街巷清真寺那极富造型感且精致而简朴的大门和装饰性邦克楼上的一弯新月，为单调封闭的小巷空间注入了生气。

图3-4 形态各异的过街楼、挑楼
过街楼和挑楼是构成喀什维吾尔传统街巷空间特色的重要元素之一。

在街与街和街与巷的交会处常形成大小和形状各异的广场，当广场上有清真寺时就形成了清真寺前广场，较大的清真寺如艾提尕清真寺和加曼清真寺前广场可做宗教聚礼和节庆聚会和欢庆的作用，周围店铺云集，品类齐全，在广场上还有热闹的巴扎（集市），充分体现出维吾尔人的经商才能。普通街巷清真寺前广场一般较小，多由住宅和店铺与清真寺围合而成，其功能多与日常生活密切相关，一般包括涝坝（即供饮用水的水塘）、水井、小店铺、清真寺等，是附近邻里居民公共交往空间。同样，许多小巷的交会处略为展宽，是居民相互交往的地方，与过街楼和挑楼相结合形成丰富多彩的空间形式。在这个小空间周围常常包括人们日常生活必需的供应，如小店铺、馕坑（一种烤制维吾尔人称为"馕"的面饼的烤炉）和取水点等。

图3-5 两层的过街楼
这个过街楼看起来真有点玄。

图3-6 清真寺的门楼也横跨小巷成为过街楼/对面页

　　还有一个有趣的现象，即喀什民居的厕所多在楼上屋顶平台上，称为"旱厕"，人们不会想到有的过街楼就是旱厕。喀什气候干燥少雨，旱厕能受到太阳的直接暴晒，便会掺上准备好的干黄土，粪土很快就被晒干而臭味不大，并且臭气对居室的影响也较小。农民定期用毛驴驮上干土到各家各户换这些干粪土并用口袋装上运走，这也算是在一定历史条件下较卫生和可行的办法了。只是常有从过街楼和屋顶上把粪土直接抛到停在街巷的小车里，往往弄得尘土飞扬，不免令路人生畏。

图3-7 屋顶设大晒台的挑楼

图3-8 喀什民居的挑楼和远处的过街楼形成有趣的街景

发达的经济和密集的人口，使喀什民居形成稠密的二、三层小庭院住宅。过街楼和挑楼正是这种居住形态的产物，它把居民的生活习俗、扩大狭小生活空间需求和当地的气候特点巧妙地结合起来。这绝不仅仅是独特的喀什街巷空间特色的问题，而是维吾尔人认识自然和适应自然的智慧结晶。

图3-9 喀什市博热其街区平面图
从图中不难看出由那些很密的过街楼和挑楼形成的街巷"天井空间"，这些兼有遮阳和划分邻里空间等作用的过街楼和挑楼，使街巷空间和院落空间之间的界限仿佛都消失了。

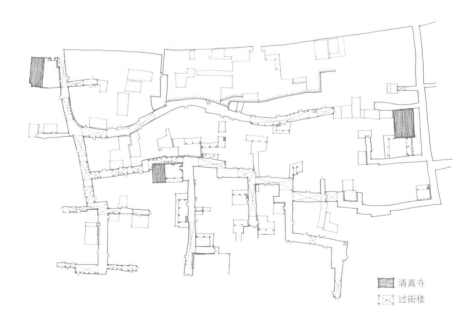

▩ 清真寺
▨ 过街楼

四、神秘面纱的背后

走在喀什街头，你会看见许多穆斯林妇女都披着面纱，你只能从她们那婀娜的身姿去想象她们的娇美面容。传统维吾尔妇女所受的约束很多，她们一般应尽量待在家里包揽几乎所有家务，如做饭、洗衣和照顾孩子。与她们的丈夫以外面的世界为活动中心不同，妇女的活动范围很小并以家庭为中心，她们的日常活动多在住宅院落中和附近的街巷中。当她们购物或回娘家必须外出时，要按伊斯兰教规戴上大头巾或面纱。《古兰经》云："叫她们降低视线，遮蔽下身，莫露出首饰，除非自然露出的，叫她们用面纱遮住胸膛。"按伊斯兰教规定，妇女除手脚外全身都是羞体，男人若窥见陌生妇女的面容会被认为是不吉利的事，因而她们就要在外出时戴上面纱，俗称"盖头"。面纱有棉织、棉丝混织和丝织等几种，有咖啡色、黑色、灰色和白色等，一般蒙至腰部以下，大的可到大腿。面纱和宽松的连衣裙为穆斯林妇女增添了神秘的色彩。但面纱遮不住妇女们爱美的天性，她们喜爱首饰，还更爱穿鲜艳的艾岱来斯花绸做成的长裙。她们精心梳理发辫，未婚少女常梳十几条小辫，有的少女的小辫还代表年龄。婚后妇女则把头发梳成四条发辫，额前的较小，脑后的较大，梳成后再将四条发辫合梳成两条大发辫。她们那富有特色的发辫配上做工精细、色彩鲜艳的小花帽异常美丽动人。

图4-1 巷道馕坑旁打馕的维吾尔族妇女们/对面页
她们一边做家务劳动一边与邻居唠闲话、谈家常。

神秘面纱的背后

镜境 中国精致建筑100

图4-2 喀什传统民居的院落内景/前页
那一花一木都流露出荒漠气候下的居民们对大自然和人生的热爱。

与神秘面纱和其背后热情美丽的维吾尔妇女形成的强烈对比一样，喀什民居无论从布局形态还是室内装修也是外部粗犷简朴，内部精细华美，二者之间的强烈对比与妇女面纱下的容态如出一辙。当你走进维吾尔人家的院门，与街巷那朴实无华的黄土墙的封闭单调形成鲜明对照的是，"苍藤蔓架覆檐前，满缀明珠络索圆，枣花落后樱桃熟，桃杏自娇梨爱素。"花草果树，葡萄藤蔓，廊台雕柱……开敞自然而充满生机，这不就是《古兰经》中所说的"下临诸河的乐园"吗？

图4-3 民居院落
与粗犷朴实的民居外观形成强烈对比的生机盎然的民居院落，是维吾尔居民日常生活进行各种活动的主要场所。

图4-4 喀什传统民居的客室/上图
这是热情好客的维吾尔人待客的地方，也往往
是民居中装饰最精美的地方。

图4-5 真诚待客/下图
清华大学建筑学院的张守仪教授与笔者在维吾
尔人家做客，深深地感受到了那份真诚待客的
民族情意。

喀什民居是合院建筑，不论是平房还是二层、三层楼房，都由房屋和院墙围合成庭院，维吾尔语称"哈以拉"。房屋和庭院间有外廊。外廊，维吾尔语称"庇夏以旺"，作为从房屋到哈以拉的过渡和联系。根据房屋布局的不同有一字形、L形、门字形和口字形。另外还有一种宽大的一面或两面敞开的有顶平台，就像扩大了的外廊一样，维吾尔语称"赛乃"。庇夏以旺、哈以拉和赛乃是酷爱户外活动的维吾尔人的主要活动场所。

喀什合院民居的房屋造型朴实简洁，诗云："黄土为墙四面齐，数椽如砥覆新泥；欲教满地铺成锦，相率家人一室栖。"诗的前两句生动地描绘出了民居房屋墙体以土坯砌成并以黄泥抹面，顶棚用杨木小梁上覆草泥的构造做法。后两句则形象地描绘了房屋内部地面满

图4-6 精致的石膏花雕饰和葡萄藤蔓
二者相映成趣反映了在荒漠生态条件下生活的维吾尔人对大自然的热爱。

图4-7 待客果品

客室中已摆满了干果、馓饼、奶干等食品，等待着客人的到来。

神秘面纱的背后

筑境 中国精致建筑100

图4-8 精美的木雕壁龛
这既是陈设家什的地方，也具有做礼拜的功用，其装饰性就自不待言了。

铺地毯，室内砌炕而无桌椅，全家人在炕上吃饭、睡觉的生活场景。

维吾尔人热情好客，这充分体现在他们的房屋组成和布局上。他们的房屋以客室为中心，布局形态有"客室"、"外间–客室"和"客室–外间–餐室"三种基本类型。"客室"是维吾尔语"米马汗那"的直译，意为招待客人和供客人起居的地方。实际上包括专门招待客人的客房和既招待客人又供家人使用的卧室，如果某一家只有一个房间就称之为米马汗那并尽力去装饰它，其规模和装修为全家之首，反映了维吾尔人克己待客的民族性格。客室常附带一个小间，维吾尔语称"卡兹那克"，意为"储藏间"，而实际上也指用作伊斯兰教"大净"用的淋浴间，这显然是一种讳称。"外间"维吾尔语称"代立兹"，

图4-9 L形民居平面、剖面图

这是一套占地为L形的两层民居，并有一间地下室。精巧的天井院落在一层廊下设有床炕，用于户外休息和就餐等；二层为有顶平台。这种紧凑的布局和狭窄型天井在喀什民居中很普遍。

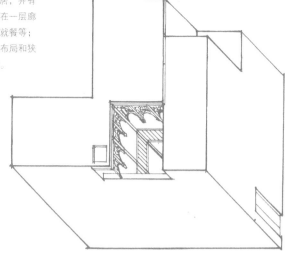

1.客室（卧室）

2.洗浴间

3.厨房

4.储藏间

5.床炕

6.有顶平台

7.天井

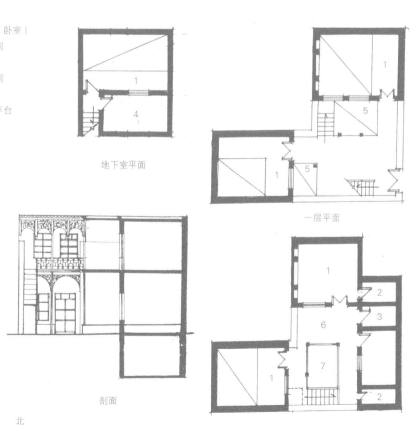

地下室平面

一层平面

剖面

二层平面

北

1.客室（卧室）

2.厨房

3.储藏间

　洗浴室

4.屋顶平台

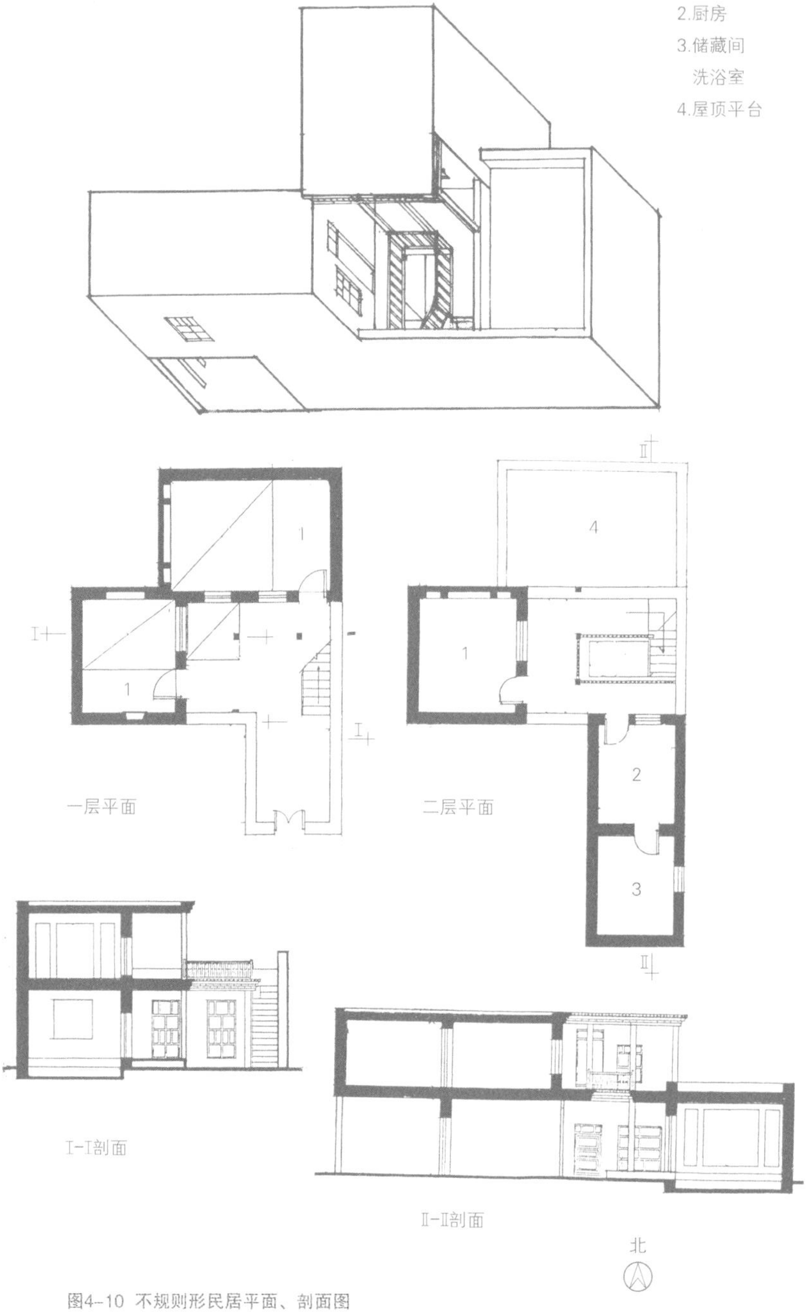

神秘面纱的背后

◎筑境
中国精致建筑100

一层平面

二层平面

Ⅰ-Ⅰ剖面

Ⅱ-Ⅱ剖面

北

图4-10 不规则形民居平面、剖面图
这是一套占地为不规则形的两层民居，一层设
客室和卧室，二层在院落入口的上方向街巷挑
出过街楼作厨房和杂物间。

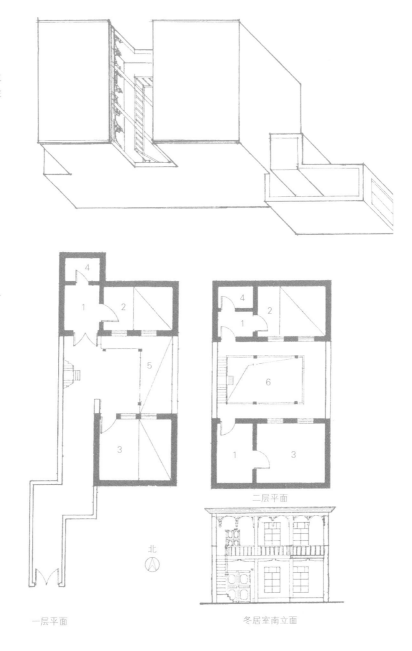

1.外间
2.冬居室
3.夏居室
4.洗浴间
5.廊下束炕
6.天井内院

北

一层平面

二层平面

冬居室南立面

图4-11 不临街民居平面、立面图

由于不临街，长而曲折的过道导向一个廊下设有
一大炕的院落，楼梯对着入口便于走上二层的南
北二居室。北室为冬居，小室设南窗；南室宽
敞，仅设北窗，以蔽日晒，主要用于夏居。

其意义不明确，使用上也有不同说法，如脱靴用等。但通过对其与其他房间的关系的分析应是"门厅"的作用。"餐室"维吾尔语称"以希汉那"（"以希"意为"吃"，"汉那"意为"房间"），也有人称"卡以汗那"（意为"茶室"，因维吾尔人吃饭必喝茯茶或奶茶故而得名），总之是吃饭、喝茶的地方，其中往往设炉台供做饭用，因此又是厨房（即冬厨房。夏厨房一般在院内）。由于维吾尔人户内生活（吃饭、睡觉等）都在同一房间进行，因而在很多情况下它还是卧室，只有经济条件好的家庭才有单纯意义的餐室。

喀什民居的三种类型也体现了维吾尔人小家庭的生活模式。多子女家庭子女成家后与父母分家另立门户，一般仅有幼子与其媳妇留下与父母共同生活，"客室"类型是最小家庭生活单元。同样，喀什民居房屋的古朴形态和外封闭性与先民们的游牧生活习惯有关，他们的毡房可以看作是喀什民居房屋的原型，这可从其房间常设天窗（毡房中央均有天窗供排烟、通风和采光）得到印证。三种基本类型的房屋形态围绕庭院进行水平和垂直组合，形成造型和空间丰富多变的合院住宅形式，一种粗犷简朴而又精美丰富的民居。

五、花前廊下的赛乃姆

热情好客的维吾尔人同样也能歌善舞，每当盛大节日、婚礼、亲朋聚会，或者傍晚休息时，人们常聚集在一起，说拉弹唱，歌舞娱乐。由于喀什属暖温带大陆性干旱气候，夏季干燥、炎热，因而清真寺前广场、街巷中以及庭院中的外廊和屋顶平台等户外空间成为歌舞娱乐的主要场所。在各种歌舞活动中，赛乃姆是最普遍的舞蹈形式。这种舞蹈自由活泼，可一人独舞、两人对舞或数人共舞，舞者可即兴发挥，只要和音乐节奏合拍即可。舞至酣处，音乐节奏渐快而达到高潮，此时众人共喊"凯那"（加油）和"巴力卡勒拉"（真妙），人声和鼓乐声相呼应，舞者更是婀娜多姿，情真意切。真是"一片氍毹选舞场，娉婷儿女上双双；铜琶独怪关西汉，能和娇娃白玉腔"。

"古尔邦节"和"肉孜节"是维吾尔人一年中最主要的两个节日。古尔邦节又叫"牺牲节"或"宰牲节"，是伊斯兰教历的十二月十日。在这天，穆斯林们要去艾提尕清真寺做会礼，相互拜节问候，还要在清真寺前广场上共跳"萨玛舞"，这种舞动作刚劲有力，节奏感强，各种动作随纳合拉鼓点进行，舞者均为男性。成千上万的穆斯林从上午晨礼后开始一直到下午七八点钟，在纳合拉鼓和苏尔奈（即唢呐）的伴奏下刚劲起舞，场面甚为壮观，充分表现出了维吾尔人的炽烈性格和奔放热情。肉孜节也叫"开斋节"，是庆祝伊斯兰教"斋

图5-1 喀什传统民居外廊上华丽的木雕廊柱和石膏花饰（刘剑摄）

月"封斋结束的宗教节日,这天为伊斯兰教历的十月一日。穆斯林们在节日中要去清真寺做会礼,各家要准备各种点心和干果及水果等招待客人,互相串门互祝问候,各种歌舞活动也在街头或庭院中举行以示庆祝。

事实上,维吾尔人一天中的各种日常生活一般是在庭院的外廊下和果树及葡萄藤蔓下度过的。换言之,无论从活动的各种类型还是活动时间的长短来说,庭院等户外场所都是维吾尔人进行各种礼仪性活动和日常活动的主要场所。妇女做家务,照看孩子,老人歇息,家人吃饭,甚至夏秋季晚上还在廊下睡眠。维吾尔人的这种外廊很少有交通上的意义,廊内常设

图5-2 喀什传统民居古朴简洁的外廊

图5-3 清真寺礼拜殿中的华贵的木柱雕饰/对面页

图5-4 清真寺礼拜殿木柱和
顶棚雕饰
它们表现出浓郁的伊斯兰装
饰风格。

束炕供户外各种起居活动使用，因而外廊的实际作用相当于户外客室，供家人在户外会客、睡觉、吃饭、娱乐等，从而成为家庭户外活动的主要场所。较大的民居有时还分前后廊，前廊为户外客室，用于接待客人，后廊则为"内室"，多为家中人坐卧，妇女多在这里活动，既满足了她们喜爱户外活动的习惯，又适应了伊斯兰教对妇女的要求。同样，屋顶平台和二、三层楼的外廊往往也具有这种"内室"的作用。既然庭院、外廊在维吾尔人的生活中占有如此重要的地位，也就不难理解他们用那样大的热情和花费那么多的钱财来装饰庭院和外廊了。

首先，他们在外廊廊柱上尽情施展他们的
木雕才能。这些廊柱包括柱头、柱身和柱裙三
部分，按形态特征可分为两种类型：一种是用
简洁的植物雕花和线脚来装饰柱头和柱裙。另
一种是用小木块拼合成轮廓曲折变化的柱头，
柱身为八角形或六角形等，而柱裙也常作束腰
并施以雕饰。这两类柱饰能分别创造出华丽堂
皇和清雅朴实两种不同的外廊风格，可以适应
不同人的需求。

其次，与华丽堂皇的外廊相配的还有外廊
内侧墙面的石膏雕花，以蓝白色调为主，图案
节奏鲜明、疏密有致，多为大幅尖拱图形，具
有浓郁的民族风格。

图5-5 外廊
院落中宽敞的外廊决不仅仅用作交通走道和遮
风雨，而是人们日常活动的重要场所。

花前廊下的赛乃姆

◎ 筑境 中国精致建筑100

精美的木雕廊柱，清丽的石膏花饰，繁茂的葡萄藤蔓，把维吾尔人在荒漠气候和自然条件下对自然和生命的理解，把他们在宗教习俗和民族特点下的聪明才智和精湛技艺淋漓尽致地表现了出来。当我们不仅仅用艺术的眼光，而是用生活乃至生命的眼光去看这外表粗犷朴实而内含精美自然的喀什民居，你也许能体会到更多的东西。

图5-6 几种常见的喀什民居木窗形式

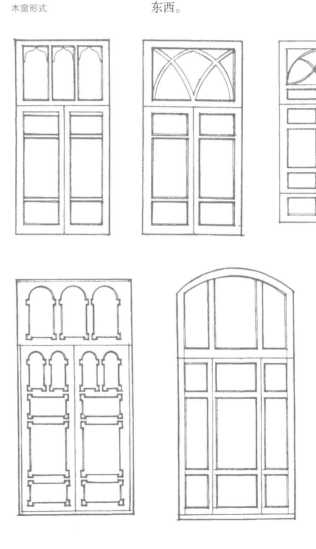

六、能工巧匠的手艺

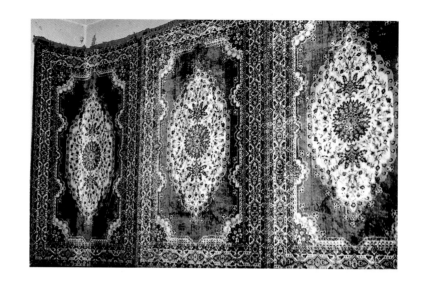

能
工
巧
匠
的
手
艺

图6-1 华丽的维吾尔传统壁毯
这多少体现着游牧民族的痕迹。

图6-2 艾提尕尔清真寺大门旁的
邦克楼/对面页

喀什民居同许多信仰伊斯兰教地区的民居
一样形成了自己独特的建筑装饰风格。就影响
这种装饰风格的因素而言，宗教文化因素具有
重要的作用。喀什民居的装饰，从地毯壁毯图
样、石膏雕花，到木雕砖刻都深深地烙上了各
种宗教文化的印记，例如，各种装饰图案纹样
中就可反映出原始图腾崇拜、佛教和伊斯兰教
的影响。因此，喀什民居装饰是长期以来维吾
尔族的文化艺术，在与阿拉伯国家和汉、蒙、
回等民族的文化交流中逐渐融合发展形成的，
其中佛教艺术和伊斯兰教装饰艺术都取得了辉
煌的成就。

由于伊斯兰教反对偶像崇拜，因而使具
有悠久历史的维吾尔传统几何形图案着重得到
发展并形成最具民族色彩的独特形式。这些装
饰图案的题材由于宗教限制以植物和其抽象几
何形式为主，植物花纹如巴达姆、石榴花、无
花果、葡萄等，几何形花纹如圆、方、六角、

能工巧匠的手艺

图6-3 喀什传统民居内院中的木雕和砖雕

八角、回纹、方圆套格等。各类植物、花卉、几何形图案多为二方、四方连续，并以对称、并列、交错、连续、循环等手法构图，结构精巧，变化无穷。

图6-4 喀什传统民居中华贵精美的室内壁龛
（买热普和加万）

当你去维吾尔人家做客，你首先会被客室中那精美的地毯和壁毯所吸引。这些具有悠久历史传统的手工艺品，集绘画、雕刻、编织、刺绣等各种技艺于一体，富丽鲜艳，经久耐用，种类繁多。其中，开力肯（广大开阔之意）和阿娜古丽（石榴图案）适合于多种场合；夏米努斯卡则作圣毯、拜毯之用。无论是日常起居生活还是节庆歌舞、宗教礼拜，大多在地面和炕面上铺设的毯毡面上进行，难怪人们把维吾尔人称为生活在毯毡面上的民族。

图6-5　喀什传统民居客室中的加万

　　坐在柔软挺括的地毯上，人们的视线一定会停留在那些精美的壁龛上。喀什民居壁龛的产生显然受到佛教壁龛的影响，原本是充分利用土坯厚墙开洞存物或供奉佛像，而伊斯兰文化则把它发展为稳定成熟的集实用、宗教象征和艺术性为一体的壁龛系统，从而对传统民居的室内空间产生了很大影响。各种壁龛大小不一，分工不同而形成体系。买热普最大，一般设在西面便于宗教礼拜，并可存放被褥；塔克卡用于存放碗碟灯等物；加万是买热普龛两侧的木门壁柜；斯套谢是设在门顶的装饰性壁龛。上述壁龛加上各种纯装饰用的小龛组成丰富多变、疏密有致的室内墙面，成为室内空间

图6-6 各种几何图案的磨砖拼花
这也是喀什民居的装饰特色之一，一般用于廊墙或外墙。

图6-7 砖拼花外墙和考究的民族装饰风格大门
这已成为新民居装饰的主要做法。

图6-8 地下室入口
室外楼梯下的空间也被充分利用，作为下至地下室的入口。

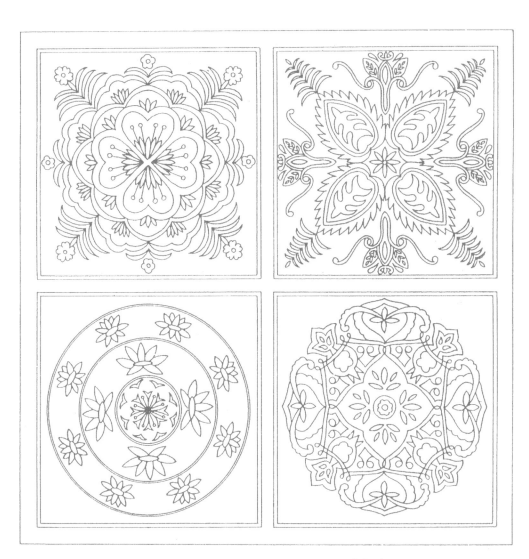

图6-9 藻井图案

严谨细密的抽象植物形藻井图案,是维吾尔匠人
们智慧和创造性的结晶。伊斯兰教禁止偶像崇
拜,所以没有发展出动物和人物的装饰图案。

图6-10 壁龛式石膏花图案
用于民居客室墙壁装饰的壁龛式石膏花图案，是丝绸之路东西方文明交流的产物，也是维吾尔人热爱大自然的反映。

民族特色的主要符号。通常的设置方式是在长方形平面房间的短边（常为西边）设买热普和加万或塔克卡龛，长边则用塔克卡及装饰性小龛组成构图丰富的图案或用壁毯装饰；有的民居还设有壁炉，与壁龛组合在一起。喀什民居的壁龛是利用墙面留出的凹洞，通过先塑成粗胚形然后在上面直接雕刻和模戳，或先用模子翻制成然后再拼合镶嵌。

维吾尔人独特的建筑装饰也显示了维吾尔匠人的精湛技艺。如用于内外墙面、顶棚、壁龛等处的石膏雕花有浅雕和深雕两种，其制作方法有直接雕花、翻模、戳模等。较常见的是翻模，即先制成木模再翻成毛坯，然后精心修刻并拼接镶嵌在壁龛、墙壁等处。直接雕花的方法是先用桑皮纸绘出底花，再用针或铁锥等雕花工具按图案纹样扎或烫成小孔，一次可多达十多张并可用其做底稿再复扎或烫烙，许多工匠世家就是用这种方法保留图案纹样的。

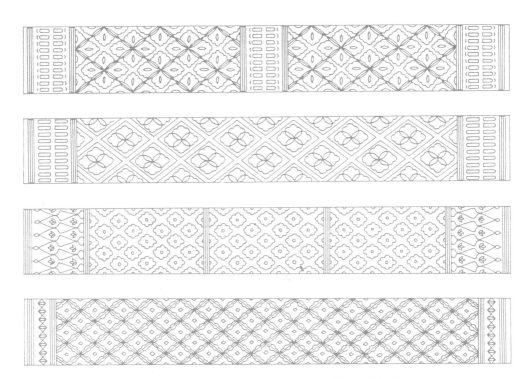

图6-11 梁上彩画图案
连续的梁上彩画图案，与维吾尔传统的手工艺
形式木拼花窗棂图案如出一辙，具有强烈的装
饰性。

喀什民居的木雕多用木本色而较少加彩漆，以精美的构图和高超的工艺见长。木雕多用于柱子、屋檐、顶棚、窗框、梁首等处，雕刻方法有凹线雕，浮雕和镂雕等三种。除木雕外，木饰中还有木拼花，即将本色木料锯成一定规格的木条，然后再拼成各种几何图案用于窗棂和隔墙等处。另外，喀什民居的砖饰也很有特色，如刻花砖是将不同图案花纹刻成模子并用之翻制成各种纹样的土坯，然后经窑烧制而成，常用于门楣，柱座和外墙等处。这些精美的石膏雕花、木雕木拼花和砖饰工艺，为喀什民居独特的民族风格的建筑装饰提供了物质和技术基础。

七、生活由自己创造

喀什传统民居围绕着清真寺自然形成成片的聚居区，这是由于穆斯林要去清真寺做礼拜以及清真寺还负责进行宗教教育和排解民事纠纷的职能。较大的聚居区又常常分为以街巷清真寺为中心的若干个邻里，各邻里间一般并无明确的界限。每个邻里中的家庭单元主要通过其男主人常去同一清真寺做礼拜而自然联系起来。同时清真寺也是成年男穆斯林社交的重要场所。同样，巴扎除了是买卖交换和做生意的场所外，也是穆斯林之间以至穆斯林和非穆斯林间相互交往的重要地方。

受社会结构和生产方式影响，喀什民居中还存在着行业聚居的现象，即从事同一行业的匠人或商人聚居在一起，反映出了喀什手工业和商业的繁荣和发达。这种聚居现象有两种

图7-1 制作乐器
喀什市街道旁下店上宅民居首层的乐器铺内，男主人正在店铺门前制作乐器。

图7-2 喀什街头的银器店〔张振光 摄〕

筑境 中国精致建筑100

图7-3 参与邻居新民居建造的工匠们/上图
这种邻居、亲友间互助建造住房的传统一直延续至今。

图7-4 正在建造中的喀什民居/下图

图7-5 未作油饰的喀什民居外廊/对面页

情形：一种是住宅与作坊、店铺分开，仅是同一行业的匠人们的住宅聚集在一起，如喀什的阔孜其亚贝希街区就是传统制陶业匠人的聚居区；另一种情况是住宅与作坊、店铺结合在一起，常见的是沿街的商店形成买卖街巷，一般有前店后宅和下店上宅两种类型，即在沿街的店铺后部或上部二、三层设住屋。这种布局多

见于制作与买卖一体化的手工艺行业，如铜器店、毯毡店、乐器店和木器店等。这种居住与作坊相结合的方式，反映出家庭经济手工业制作与买卖的一体化。手工艺匠人在这里接受订货，随即生产制作。同时，师徒既一起从事生产又住在一起，他们之间还往往是亲戚。

以清真寺为中心的邻里体系和行业聚居，形成了亲切自然的邻里关系，并在此基础上产生了邻居间互助自建或共建住房的现象。这种营造活动常为几家人或亲戚间合力为某一家建房，这种互相帮助的共建方式在喀什民居中普遍存在，而成为其重要特点之一，也是邻里间、亲戚间的一种交往方式。具体建造中往往只请少数的专业匠人帮助建造重点装饰的部分，其余大量建造工作则由邻居或亲戚们共同完成。喀什气候干燥少雨，发展出了土坯及木柱承重的混合建筑结构体系，屋顶做法则是置于小梁上的密排半圆橼子上覆草泥。显然，喀什传统民居结构及构造方法简单，建筑材料易于取得，从而为居民自建提供了方便。

粗犷的黄泥墙，错落自由的民居群落，正是维吾尔人热情朴实的生活习俗的自然流露。精致的木雕石膏雕花，浓荫花果飘香的小院，更渗透着维吾尔人的勤劳和智慧。这一切，都是他们用自己的双手来创造的。这就是维吾尔人，一个古老而充满活力的民族。

维吾尔族名称演变表

名称	所见之书籍	年代	含义	备注
袁纥 韦护 乌护	《魏书》 《隋书》	386—557年 581—619年	高车之一部 铁勒之一部	高车铁勒均古之丁零，乃译音之不同。隋书韦护居蒙古，乌护居新疆，二者实为一种
乌纥	《册府元龟》引盖嘉惠《西域记》及《唐书》	581—619年	铁勒一部之居新疆者	按《西域记》为唐玄宗时书，其云"乌护则乌纥"，似"乌纥"一词在唐以前甚盛行，故列入隋代
回纥	《新唐书》 《旧唐书》	619—785年		按回鹘系自请改易者。据唐书易名年代在785年至788年之间。据《旧唐书》，在809年，考之《通鉴考异》、《续会要》诸书，知以唐书为是
			并铁勒诸部自立居漠北	
回鹘	《新唐书》 《旧唐书》	785—906年		

喀什民居 维吾尔族名称演变表 ⊕镜像 中国精致建筑100

名称	所见之书籍	年代	含义	备注
回纥、回鹘	《五代史》及《挥尘前录》所引之王延德《高昌行记》	907—983年	河西高昌北庭之族	按自唐,回纥、回鹘多乱用,意无别
回鹘、甘州回纥、沙州回鹘、阿萨兰回鹘	《辽史》	907—1125年	河西高昌北庭之族	
回回	《梦溪笔谈》	1068—1078年	河西高昌北庭之族	按此时该族居此地者尚未改信伊斯兰教,故无伊斯兰教徒意
回回大食部	《辽史》	1125—1201年	中亚之伊尔克汗国	回回为种族名称,亦回纥族,大食形容其宗教
回回国	《辽史》	1125—1201年	似指中亚细亚之伊尔克汗国	
回回	《黑鞑事略》	1234—1237年	葱岭东西之回纥族	无伊斯兰教徒意
回回	《宋史》	1273年		
回回	《元史》《癸辛杂识》	1206—1294年 1241—1279年	泛指葱岭东西之族,间专指伊斯兰教徒。有伊斯兰教徒意	

名称	所见之书籍	年代	含义	备注
回回	《心史》	1280—1290年		
回鹘、黄头回纥	《宋史》	960—1227年	河西高昌之族	
畏吾儿城	《辽史》	1125—1201年	即高昌北庭回纥之居地	"畏吾儿"一词，自蒙古立后始通行。按年代计，始见于此。惟《辽史》修于元代，不知作者将其时代之名词误入内否耶
乌鸽	《黑鞑事略》	1234—1237年	即高昌北庭之回纥族	
畏吾、畏兀、委吾	《元秘史》	1206—1227年	高昌北庭之回纥族	
畏吾儿、畏兀儿、畏吾	《元史》	1206—1294年	高昌北庭之族	
撒黑达	《黑鞑事略》	1234—1237年	中亚之国	即蒙文伊斯兰教徒之称，如今之回回
撒尔塔兀勒	《蒙文元秘史》	1206—1227年		此系根据日人盛刚那珂通世《成吉思汗实录》之直接音译，即伊斯兰教徒意

维吾尔族名称演变表

名称	所见之书籍	年代	含义	备注
回纥	《西游记》	1221—1224年	葱岭东西之回纥族	
回鹘	《蒙鞑备录》	1221年	葱岭东之族	
回纥	《西使记》	1259—1263年	葱岭西之族	
回鹘	《西游录》	1224—1228年	葱岭东之族	
瑰古	《北使记》	1220—1224年	高昌之族	
回纥、回鹘、没速鲁、蛮回纥、遗里、回纥、印度回纥	《北使记》	1220—1224年	葱岭西之族	
回鹘	《松漠纪闻》	1129—1144年	高昌之族	
回鹘	《元史》	1206—1294年	葱岭东西之族	
伟兀	《圭斋集》	1291—1297年	高昌之族	
外五	《秋涧集》 《郝经集》	1280—1294年 1234—1275年		按此二者系引自陈垣之《回回教入中国史略》；《秋涧集》当系王恽之《秋涧先生全集》；《郝经集》系《郝经之陵川文集》；作者粗检两书，

名称	所见之书籍	年代	含义	备注
外五	《秋涧集》 《郝经集》	1280—1294年 1234—1275年		皆未得"外五"字样。但于前者之中见有伟兀之外。故外五究系何指，未列
畏吾儿	《明史》	1367—1644年	高昌之族	
回回	《辍耕录》	1368—	伊斯兰教徒	
回回	《元秘史》	1385年	伊斯兰教徒	按此书译自明初，回回为"撒尔塔兀勒"（蒙文"伊斯兰教徒"意）之译文，故从译书之年代
回回	《明史》	1367—1644年	伊斯兰教徒	
回回	《正教》 《真诠》	1634—1654年	伊斯兰教徒	自此书始正式认回回为伊斯兰教徒，且从而附会"回回"一词在宗教上之意义
回部	《西域图志》	1644—1799年	指新疆之伊斯兰教徒	按清初著述均称新疆之伊斯兰教徒为回部

维吾尔族名称演变表

筑境 中国精致建筑100

名称	所见之书籍	年代	含义	备注
缠头回（白帽回）、红帽回、辉和尔	《皇朝藩部要略》	1644—1799年	均指伊斯兰教徒	辉和尔即畏兀儿
哈剌回				
熟回、生回	《西陲闻见录》	1622—1673年	生回、夷回、缠回为一	
民回、夷回	《轮台杂记》	1813—1823年	汉回、熟回、民回为一	
缠回、汉回		近代		
维吾尔	《新省府布告》	1935年	仅指缠回言	按汉回亦为维吾尔族，以其与汉族同化，彼亦自失其民族意识，维吾尔亦不认其为同种也

图书在版编目（CIP）数据

喀什民居／田东海撰文／摄影．—北京：中国建筑工业出版社，2014.10
（中国精致建筑100）
ISBN 978-7-112-17165-1

Ⅰ．①喀… Ⅱ．①田… Ⅲ．①民居–建筑艺术–喀什地区–图集 Ⅳ．① TU241.5-64

中国版本图书馆CIP数据核字（2014）第189192号

©中国建筑工业出版社

责任编辑：董苏华 张惠珍 孙立波
技术编辑：李建云 赵子宽
图片编辑：张振光
美术编辑：赵 清 康 羽
书籍设计：瀚清堂·赵 清 周伟伟 康 羽
责任校对：张慧丽 陈品品 关 健
图文统筹：廖晓明 孙 梅 骆毓华
责任印制：郭希增 臧红心
材料统筹：方承艺

中国精致建筑100

喀什民居

田东海 撰文/摄影

中国建筑工业出版社出版、发行（北京西郊百万庄）

各地新华书店、建筑书店经销

南京瀚清堂设计有限公司制版

北京顺诚彩色印刷有限公司印刷

开本：889×710毫米 1/32 印张：2$\frac{7}{8}$ 插页：1 字数：123千字
2016年4月第一版 2016年4月第一次印刷

定价：**48.00**元

ISBN 978-7-112-17165-1
　　　（24393）